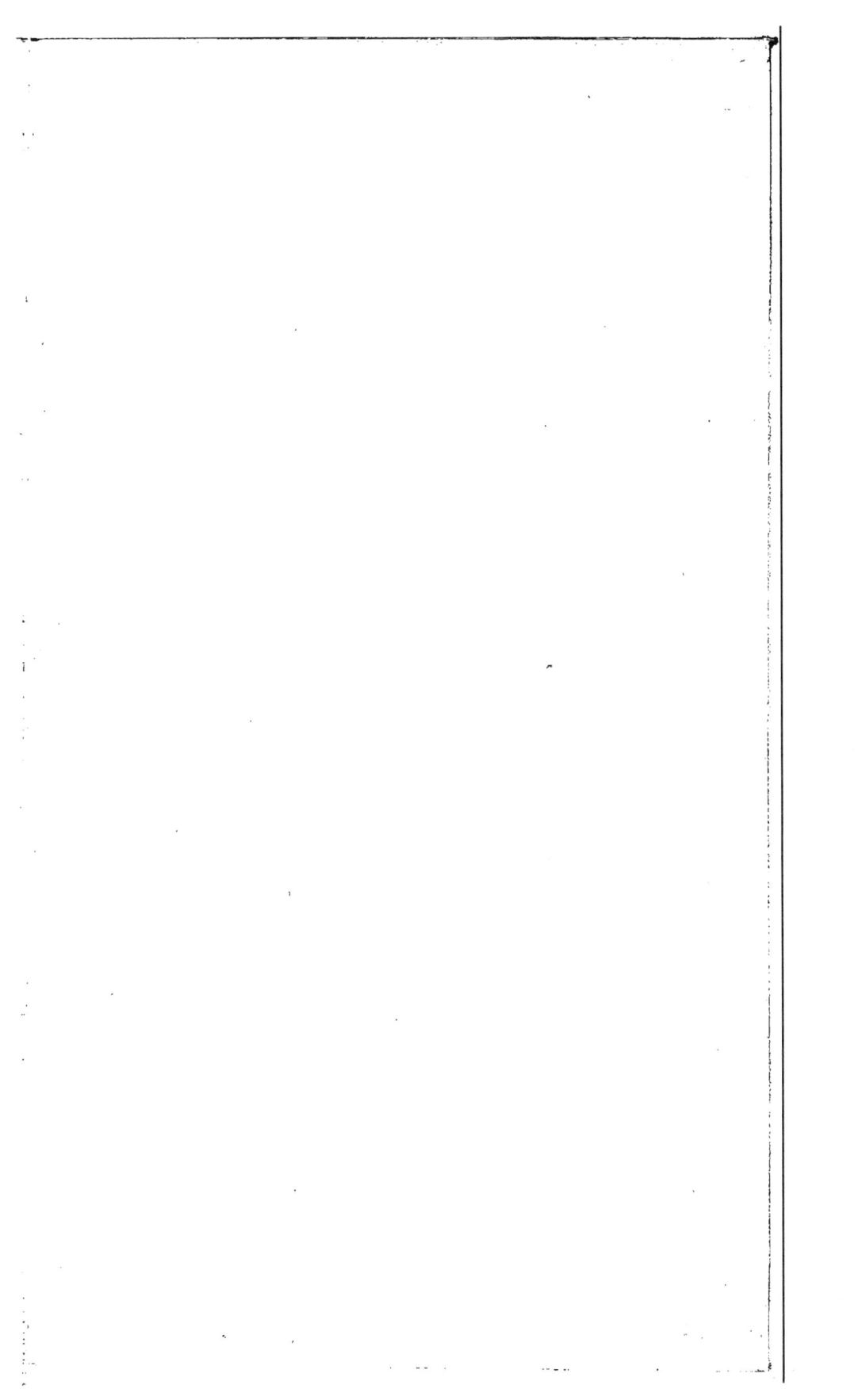

2/38)

ÉTUDE

SUR LES

GISEMENTS MÉTALLIFÈRES

DES

VALLÉES TROMPIA, SABBIA ET SASSINA

DANS LA

LOMBARDIE SEPTENTRIONALE

PAR

M. EDMOND FUCHS,
INGÉNIEUR DES MINES.

———◆———

PARIS

DUNOD, ÉDITEUR,

SUCCESSEUR DE Vᵒʳ DALMONT,

Précédemment Carilian-Gœury et Vᵒʳ Dalmont,

LIBRAIRE DES CORPS IMPÉRIAUX DES PONTS ET CHAUSSÉES ET DES MINES.

Quai des Augustins, 49.

—

1868

©

Paris. — Imprimerie de E. CUSSET et C", rue Racine, 26.

ÉTUDE

SUR

LES GISEMENTS MÉTALLIFÈRES

DES

VALLÉES TROMPIA, SABBIA ET SASSINA

DANS LA LOMBARDIE SEPTENTRIONALE

INTRODUCTION.

Les gisements des vallées septentrionales de la Lombardie ont été visités par nous à deux reprises différentes, pendant les automnes 1863 et 1864, et le présent mémoire a été rédigé au retour de notre second voyage. A cette époque, la presque totalité des travaux d'exploitation et de recherche étaient concentrés entre les mains d'un petit nombre de propriétaires, parmi lesquels nous citerons la compagnie *la Virginia*, concessionnaire des gîtes du val Sassina et du lac de Côme; la société *Bergamasque*, concessionnaire des mines de Rumo, enfin MM. Gelmini et J. J. Zuppinger, qui avaient fait l'acquisition de tous les permis de recherche des vallées Trompia, Sabbia et Sassina.

A ce moment aussi, les travaux d'exploitation et de recherche étaient en pleine activité, et nous avons ajourné la publication de ce mémoire, parce qu'il nous arrivait sans cesse des renseignements nouveaux, par lesquels nous espérions compléter notre étude. Malheureusement une série d'événements, au premier rang desquels il faut placer les crises politiques et financières que l'Italie a traversées en 1866 et 1867, ont entraîné l'abandon de la plus grande partie des travaux de recherche, au moment même où quelques-uns d'entre eux allaient atteindre le but qui les avait provoqués.

Ne pouvant prévoir la fin de l'état de choses actuel, nous nous sommes décidé à publier ces lignes, nous réservant de les compléter un jour, s'il y a lieu, par une note additionnelle.

PREMIÈRE PARTIE.

ÉTUDE GÉOLOGIQUE.

CHAPITRE PREMIER.

TERRAINS ET ROCHES PLUTONIQUES ENCAISSANT LES GISEMENTS.

§ 1er. — *Terrains sédimentaires.*

La Lombardie septentrionale, c'est-à-dire la partie du versant méridional des Alpes comprise entre le lac Majeur et le lac de Garde, présente, au point de vue géologique, un intérêt puissant que vient rehausser la présence de nombreux gisements métallifères.

Terrains tertiaires, crétacés et jurassiques. — On trouve dans cette région des représentants de presque toute l'échelle des terrains sédimentaires, mais comme le plus grand nombre d'entre eux ne joue aucun rôle dans les formations métalliques, nous ne citons ici que pour mémoire les alluvions et le diluvium de la plaine lombarde, les collines tertiaires (pliocènes) qui encadrent la vallée du Pô, les contre-forts crétacés aux pentes fertiles, les schistes jurassiques aux repliements nombreux et hardis, aux flancs nus, les couches compactes fracturées et fossilifères du lias.

Aucune de ces assises ne contient de dépôts métallifères de quelque importance. bien qu'elles soient en partie contemporaines des éruptions qui ont amené ces dernières.

Trias. — C'est dans le trias qu'apparaissent les premiers gisements métallifères. Ce terrain est représenté par ses trois éléments.

1° Les *marnes irisées* à structure schisteuse, indéfiniment contournées, formant des collines basses sur le flanc des vallées (Bovegno-Nozza) ; elles renferment quelques rares et insignifiants filets cuivreux dans le val Sabbia.

2° Le *muschelkalk*, dont la puissance dépasse 1 000 mètres et qui est divisé en deux parties distinctes. La première comprend des assises calcaro-schisteuses ondulées en grand, peu ou point dolomitiques, très-riches en restes fossiles malheureusement presque toujours indéterminables, et renferme quelques gisements métallifères, notamment les filons de galène de Provaglio di Sotto et les amas de calamine de Fontanelli (val Sabbia). La seconde est formée de couches puissantes et largement stratifiées de dolomies comprenant les gisements du lac de Côme (Ballabio-Laorca) et quelques filons assez mal étudiés, tels que celui de Chadeluf et celui du mont Muffetto (V. Trompia).

3° Le *grès bigarré* (Servino), représenté par des assises schisteuses qui offrent, sur une échelle moindre, des phénomènes de repliement analogues à ceux des marnes irisées. On y trouve intercalées des lentilles ferrugineuses activement exploitées autrefois. Depuis quelques années, ces gisements sont à peu près abandonnés, laissant ainsi disponible toute une population habituée aux travaux de la mine et aux opérations métallurgiques.

Terrain permien. — Le terrain permien est représenté par un grès rouge aux assises puissantes et peu inclinées, qui a une épaisseur de 5 à 600 mètres à peu près, et qui présente de grandes analogies avec le grès vosgien et le « Rothe todt liegende » allemand.

La plupart des filons métallifères dont nous allons parler traversent ce grès, mais ils s'y amincissent et s'y appauvrissent en général à un point tel qu'ils cessent d'être exploitables, comme on le voit à Fusinetto, Arnaldo, etc.

Schistes cristallins. — L'ensemble des terrains que nous venons de décrire repose sur un puissant système de schistes cristallins, dont le type principal est un schiste très-micacé, à larges feuillets, extrêmement clivable et par suite d'un travail facile. Quelquefois pourtant le mica diminue et la silice augmente de manière à constituer des schistes quartzeux et même des quartzites : d'autres fois, la roche se rapproche des schistes amphiboliques ; d'autres fois même, mais, plus rarement, des schistes talqueux.

C'est dans ces schistes, et surtout dans le voisinage de leur contact avec le grès rouge, que se trouvent la plupart des gisements métallifères de la Lombardie et spécialement tous ceux des vallées Trompia, Sabbia et Sassina.

§ 2. — *Roches plutoniques.*

A. *Période granitique.* — Les roches plutoniques, qui ont soulevé ou recoupé ces terrains et à l'apparition desquelles est liée celle des gisements métallifères, sont peu connues encore, et nous devrons nous borner à quelques indications générales sur leur âge et leur nature.

Les roches les plus anciennes appartiennent à l'époque granitique, qui possède de si nombreux représentants dans le massif alpin. Nous citerons en particulier, bien qu'ils ne se rencontrent pas dans la Lombardie septentrionale, les granites à petits grains de la Savoie, auxquels se rattachent les gisements de fer magnétiques de Cogne et de Traversella, si remarquables par leur puissance, leur richesse et leurs nombreuses analogies avec les gisements de même nature de la Suède et de la Norwége.

Dans les vallées qui nous occupent, nous n'avons observé que deux représentants de cette période. Le premier est une roche très-acide à laquelle on a donné le nom de *granulite* ; elle est peu étudiée encore parce qu'elle occupe principalement la crête occidentale, peu accessible, du val Trompia, où elle paraît traverser les schistes cristallins qui occupent les flancs de la vallée.

Le deuxième possède une importance et une extension beaucoup plus considérables. C'est la *protogine*, mélange de quartz, de mica magnésien et de deux feldspaths dont l'un au moins est verdi par l'intercalation de feuillets de talc, le long des surfaces de clivage. Cette roche présente quelques variations d'allure assez importantes. Elle se trouve, en général, sous les schistes, formant des dômes de très-vaste étendue sur lesquels ces derniers viennent reposer. Sa structure, dans ce cas, est franchement granitoïde, quelquefois légèrement schisteuse (Mont Blanc), et ses éléments, toujours de petite dimension, sont essentiellement cristallins. Nous pensons que, lorsqu'elle se montre avec cette allure, il faut la considérer comme de formation très-ancienne et que, si en bien des points et notamment en Savoie, son arrivée au jour est de date récente, cette apparition s'est effectuée longtemps après sa solidification et sa constitution définitives, et sensiblement dans les mêmes conditions que celle des terrains sédimentaires soulevés.

D'autres fois, mais plus rarement, la protogine recoupe les schistes plissés et redressés et forme, tantôt des filons visibles surtout dans le thalweg des vallées, tantôt des dykes dont la présence est constatée principalement par les travaux de la mine, comme à Arnaldo et à la Torgola dans le val Trompia. Dans ce cas elle affecte une structure légèrement porphyroïde et sa cristallisation plus confuse la rapproche des porphyres de Collio, dont nous reparlerons plus loin en détail. Dans le voisinage des filons métallifères, elle est parfois recoupée par des veinules et même par de véritables petits filons de chaux carbonatée et d'un silicate magnésien (talc ou chlorite) accidentellement accompagnés d'un peu de quartz. Ces filons, dont les deux premiers éléments constituent une véritable ophicalcite et qu'il faut

sans doute rattacher aux éruptions serpentineuses plus
modernes, présentent au premier abord un aspect ana-
logue à celui de la protogine elle-même ; et comme ils
recoupent non-seulement cette dernière ainsi que le terrain
schisteux, mais encore tous les porphyres et, par suite, une
grande partie des terrains sédimentaires, il en est résulté
pendant quelque temps des confusions sur l'âge, l'époque
et le mode de formation de la protogine dans les vallées
qui font l'objet de cette étude.

B. *Période porphyrique.* — Les éruptions porphyriques
ont joué un rôle considérable dans les vallées qui nous occupent. On trouve d'abord à Nozza (val Sabbia) une roche
porphyrique verdâtre, composée de feldspath et d'une pâte
verte semi-cristallisée ; mais le représentant le plus important de cette période est un porphyre feldspathique, brun
ou violacé, plus basique que celui de Nozza. Cette roche
n'a pu être étudiée que d'une manière très-incomplète, parce
qu'elle est surmontée d'un conglomérat terreux dont la
puissance atteint et dépasse souvent une dizaine de mètres ;
le porphyre compacte inaltéré n'a donc pu être observé
qu'aux rares points où il a été recoupé par les travaux de
recherche.

Son allure géologique est plus facile à définir : c'est lui
qui forme tout le système des collines de la rive gauche du
Chiese, au pied desquelles est bâtie la petite ville de Barghé, et son apparition a été accompagnée de puissants phénomènes de soulèvement et de dislocation. Les dolomies,
le muschelkalk et le terrain jurassique inférieur ont été
soulevés et redressés autour du centre de l'éruption, et forment ainsi les bords d'une vaste boutonnière dont les collines basses et légèrement ondulées formées par le porphyre
occupent le centre. Une puissante faille, qui recoupe à la
fois le massif central et les bords redressés, a permis aux
eaux du Chiese de se frayer à travers ces différents terrains
le lit qu'il occupe en ce moment.

Cette éruption est de la plus haute importance, non-seulement parce qu'elle a donné à la vallée son relief actuel, mais surtout parce qu'elle a été accompagnée et suivie de deux et peut-être de trois émanations métallifères, ainsi que nous le verrons dans un instant.

Son âge est difficile à préciser d'une manière absolue. Tout ce que l'on peut dire, c'est qu'elle est postérieure au terrain jurassique inférieur qu'elle soulève, et antérieure au terrain tertiaire moyen, dont un des représentants, sous forme d'un grès sableux, repose horizontalement sur le conglomérat qui forme la partie supérieure du massif porphyrique.

Vers la même époque, à peu près, des phénomènes analogues se produisaient dans le val Trompia, et plusieurs éruptions de porphyre et de mélaphyre se faisaient jour entre Tavernola et San Colombano. Ces roches sont en général plus basiques que celles de Barghé. L'élément feldspathique y est moins développé, la pâte, parfois légèrement cristalline, est d'un vert ou d'un brun foncé, et l'on y observe, outre les cristaux de feldspath, de l'amphibole, du mica et même du pyroxène; aussi, tandis que la roche de Barghé est un porphyre feldspathique, celles du val Trompia sont des porphyres pyroxéniques, et même de vrais mélaphyres, présentant de grandes analogies avec ceux qui, dans le Tyrol, ont reçu, le nom de *mélaphyres intermédiaires.*

Le rôle géologique de ces deux séries de roches offre des différences plus grandes encore. Au lieu de causer de grands bouleversements comme les porphyres de Barghé, les mélaphyres du val Trompia n'ont exercé qu'une influence relativement faible sur la structure de la vallée, dont la direction parallèle à celle des terrains sédimentaires redressés, est sensiblement E. 15° N., c'est-à-dire celle des Alpes centrales. Ils se sont fait jour en général au travers des schistes cristallins dans le voisinage du contact de ces derniers avec le grès rouge. Ces points situés à une hauteur assez faible, à cause des repliements des roches schisteuses, présentent, en effet, comparés aux dolomies voisines, les conditions de résistance minimum.

On observe pourtant quelques points où les ramifications de ces porphyres se font jour à travers les dolomies. Ils présentent alors des phénomènes de contact assez remarquables, parmi lesquels nous citerons les sécrétions de jaspe rouge le long du contact et une très-grande altérabilité de la masse totale, qui, à Pezzaze par exemple, perd sa cristallinité et paraît être le résultat d'une éruption boueuse. Le grand massif de Collio affecte, au contraire, une structure columnaire très-accentuée, dont les arêtes vives et les grandes faces de fracture démontrent la résistance que ce mélaphyre oppose aux agents atmosphériques. La détermination de l'âge de ces roches présente des difficultés plus grandes encore que celle de l'éruption de Barghé. Les différences d'aspect et de composition que nous venons de signaler ne permettent guère de regarder tous ces mélaphyres comme absolument contemporains ; l'assimilation des plus importants d'entre eux aux mélaphyres intermédiaires du Tyrol leur assignerait, comme époque de formation, la fin de la période triasique.

C'est à ces mélaphyres que se rattachent la plupart des émanations métallifères à remplissage plombeux. Elles forment plusieurs systèmes de filons bien caractérisés, différents par leur âge, leur direction et leur remplissage, et dont l'ensemble présente autant d'intérêt géologique que d'importance industrielle. Nous les étudierons en détail ; observons seulement ici que les circonstances géologiques que nous venons de décrire ne se représentant pas sur le versant Nord du massif alpin (la ligne de moindre résistance se trouvant du côté italien), on est tout aussi peu fondé à rechercher en Suisse les équivalents des gisements métallifères constatés en Lombardie, qu'à infirmer *a priori* l'importance de ces derniers, en étendant aux vallées lombardes

la stérilité industriellement constatée du versant septen-
trional des Alpes.

C. *Période serpentineuse.* — Il nous reste à parler de
l'éruption serpentineuse qui a joué un si grand rôle dans
les phénomènes de soulèvement des Alpes. Elle n'est que
faiblement représentée dans les vallées qui nous occupent,
et les roches qui s'y rattachent ne paraissent pas avoir exercé
une grande influence sur la configuration de la vallée.

La plus importante de ces roches est une serpentine
terreuse présentant de grandes analogies avec le gabbro-
rosso de Monte Catini, en Toscane. Elle recoupe les mélaphyres, et on la voit, surtout dans les parties superficielles,
empâter de nombreux fragments des roches qu'elle traverse, de manière à constituer une véritable brèche, visible
surtout entre Bovegno et Pezzaze.

On trouve en outre à Gambidolo, dans le voisinage du
massif mélaphyrique de Collio, un trapp serpentineux à
noyaux calcaires; enfin l'on observe au milieu des porphyres
de Collio et de Bovegno même, ainsi que dans la protogine
du val de Navazze, de nombreuses failles très-minces présentant parfois des faces de glissement et remplies d'un
enduit serpentineux souvent accompagné ou imprégné de
carbonate de chaux.

C'est à cet ensemble d'éruptions qu'il faut rattacher les
filons cuivreux qui recoupent ces vallées, et qui jouent,
comme les roches correspondantes, un rôle relativement
secondaire dans les formations métallifères du val Trompia.

CHAPITRE II.

GISEMENTS MÉTALLIFÈRES.

Les vallées dont nous venons d'esquisser la constitution
géologique sont recoupées par plusieurs séries de gîtes
métallifères; nous allons décrire rapidement les princi-

paux d'entre eux, en insistant particulièrement sur ceux qui ont été l'objet de travaux de recherche ou d'exploitation.

§ 1ᵉʳ. — *Gisements de la vallée Sabbia.*

Les gisements de la vallée Sabbia, groupés aux environs de Barghé, se rapportent à deux formations distinctes, l'une de cuivre, l'autre de plomb argentifère.

A. *Formation cuivreuse de Barghé.* — La formation cuivreuse est probablement la plus récente ; nous la mentionnerons d'abord parce qu'elle est de beaucoup la plus importante des deux. Elle est composée d'une série de filons recoupant le porphyre lui-même, et qui jusqu'à présent ne sont guère connus que par leurs affleurements. Mais ces derniers sont puissants et bien caractérisés, car ils dessinent à la surface du sol de longues lignes noirâtres entièrement dépourvues de végétation, qui ont une épaisseur de 0,50 à 2 mètres, et qui peuvent se poursuivre sur de grandes longueurs à travers les montagnes. Leur orientation, dirigée en moyenne vers N. 54° O. (*), offre une constance presque rigoureuse, et ce parallélogramme est d'autant plus remarquable que toute l'éruption porphyrique est surmontée d'un conglomérat d'une très-faible consistance peu propre à former un champ de fissures bien net.

Un pareil système présuppose donc l'existence de fractures énergiques, correspondant à des filons d'une puissance, d'une étendue et d'une régularité très-grandes. On connaît jusqu'à présent sept de ces filons, distants de

_____

(*) Toutes les directions indiquées pour les filons sont apportées au nord magnétique, à cause de l'impossibilité où nous nous sommes trouvé d'obtenir la valeur exacte de la déclinaison de l'aiguille aimantée dans ces différentes vallées à l'époque de notre travail. Nous mentionnerons, à titre de renseignements, que cette déclinaison est voisine de 17° et qu'elle diminue à mesure que l'on s'avance vers l'est.

200 à 300 mètres les uns des autres, et se présentant sous un aspect entièrement identique (*fig. 7*).

1. *Draga inférieur*, filon peu puissant, orienté N. 50° à 52° O.

2. *Draga supérieur*, N. 52° à 54° O., le plus considérable de tout le système, composé de quatre filets de 0^m,30 à 1 mètre, à structure bréchiforme, avec fragments empâtés. On peut l'observer depuis le point culminant du massif porphyrique jusqu'au delà du Chiese, dans la plaine de Barghé, au pied de l'escarpement dolomitique, sur une longueur supérieure à 2 kilomètres.

3-6. *Berganasco*, N. 43° à 50° O, *Paolo* (sur la crête), N. 48° à 50° O., et deux autres, tous moins importants que le précédent et très-peu connus encore.

7. Enfin *Mastenico*, puissant filon de 2 mètres à 2^m,50, sur lequel on a installé plusieurs travaux de recherches, et qui se bifurque en deux rameaux parallèles, dont la direction dans la partie étudiée, N. 80° O., diffère notablement des précédentes (*).

Le remplissage de ces filons est difficile à déterminer, car on ne connaît encore que la partie la plus superficielle de leurs affleurements. A part un peu de calcite et de baryte sulfatée, on ne trouve dans ces derniers aucune gangue nettement caractérisée. Le minerai est un mélange d'oxyde noir, de carbonate vert (malachite) et de sulfure de cuivre avec un peu de cuivre gris et de petites parcelles de cuivre natif. La présence de ce dernier est liée à celle d'une assez forte proportion de matière bitumineuse qui est intimement

---

(*) Il est probable que ce système se rattache (comme les filons cuivreux du val Trompia) à une éruption serpentineuse et non aux mélaphyres à travers lesquels il s'est fait jour, et qui correspondent plutôt aux filons plombeux ; mais cette roche magnésienne n'a point apparu au jour et il est possible que, comme à Monte Catini, on arrive à la constater par les travaux de la mine à une profondeur plus ou moins considérable.

mélangée à la masse, et qui augmente encore son aspect
noirâtre et terreux ; cette circonstance explique peut-être
pourquoi ces beaux affleurements n'ont été, de la part des
anciens, l'objet d'aucun travail de recherche.

Il est difficile de préciser dès aujourd'hui l'importance
de ces gisements, mais tout permet d'espérer qu'elle sera
considérable. Des analyses faites au bureau d'essai de l'É-
cole des mines ont montré, en effet, que les terres noires
des affleurements renfermaient 7,32 p. 100 de cuivre, et
qu'il suffisait d'un grossier triage à la main pour obtenir
un minerai dont la teneur en cuivre atteint 21-26,6 et
même 29,91 p. 100. Une galerie basse, percée au niveau
du Chiese, recouperait ces filons au-dessous de la montagne, à une profondeur suffisante pour permettre d'en étudier l'allure définitive, et préparerait en même temps, pour
l'exploitation, une voie de roulage et d'écoulement qui dis-
penserait pendant une assez longue période de l'emploi des
machines motrices.

B. *Formation plombeuse.* — La formation plombeuse a
une importance beaucoup moindre que la précédente et
n'est représentée que par deux gisements ayant chacun une
allure bien tranchée : celui de Dosselli, sur la rive droite
du Chiese, à 60 mètres du fleuve, encore dans le porphyre,
et celui de Provaglio di Sotto, dans les couches redressées
de muschelkalk.

Le *gisement de Dosselli* est un filon bien déterminé, dirigé
sensiblement N.-S. et incliné de 70 à 80 degrés vers l'est.
Il présente (comme les filons de cuivre), près de son affleurement, dans le conglomérat porphyrique, des ramifications
nombreuses qui se réunissent dans la roche compacte. Le
remplissage est de la galène à grains d'acier très-serrés et
de la blende noire disséminées en mouches zonées au milieu
d'une gangue de baryte sulfatée. C'est un minerai peu argentifère qui, dans une série d'analyses faites par le Bureau
d'essai de l'École des mines (*a*), par M. Fornerod (*b*), l'in-

génieur qui dirigeait les travaux de recherche dans la vallée, et par nous-même (c), a donné par 100 kilog. de plomb
des teneurs en argent s'élevant respectivement à :

a. 34-54 grammes — b., 29-31 grammes — c. 18-30 grammes.

Ce filon paraît se prolonger jusqu'au nord-ouest de Barghé,
vers le pied de l'escarpement des dolomies, où l'on trouve
des affleurements fort complexes, qui feraient supposer un
croisement avec le prolongement du Draga supérieur. Ce
dernier, en effet, y reparaît assez distinctement avec son
allure normale, et l'on observe, en divers points du voisinage, des filets de sulfate de baryte renfermant un peu de
galène, du cuivre carbonaté et de la pyrite cuivreuse.

D'autre part, et sur le flanc même de l'escarpement dolomitique, on trouve un filon assez puissant de baryte sulfatée qui, entièrement pure à son affleurement, renferme
un peu de malachyte et de pyrite en profondeur.

Ce filon traverse le fleuve et se retrouve sur le versant
sud de la vallée, ou pour mieux dire sur la paroi est de la
grande faille qui a ouvert un passage aux eaux du Chiese.

Sa direction est difficile à déterminer. Elle paraît à peu
près perpendiculaire à celle des filons cuivreux N. 40° à
50° E. Son inclinaison est sensiblement verticale. Comme
d'ailleurs son faible remplissage métallique n'a pu être
constaté qu'aux environs de son croisement avec les précédents prolongés, et de la rencontre de ces derniers entre
eux, nous le regardons comme un croiseur qui doit, au
moins partiellement, son importance à sa rencontre avec
les vrais filons métallifères, et qui, à son tour, nous
montre l'extension et l'importance de ces derniers.

Le gisement de Provaglio di Sotto est un filon de 1 mètre
à 1^m.50 de puissance incliné de 60 à 70° vers le nord, situé
dans le ravin abrupte qui va du col du mont Volserra à la
vallée principale. Il est dirigé N. 75 à 78° O., recoupe les

schistes redressés du muschelkalk, orientés en ces points suivant E. 3o° N., et est par suite postérieur au redressement de ces derniers (*fig.* 8 et 9).

Ses affleurements sont entièrement exploités aujourd'hui ; mais il y a 5o ans encore, on fondait au pied du ravin, dans un petit four à manche, par an, 3oo tonnes de plomb provenant des travaux, fort peu importants d'ailleurs, qui y étaient installés. La tradition locale attribue l'arrêt de l'exploitation à la mésintelligence qui existait entre les ouvriers mineurs (pour la plupart étrangers) et les habitants de la vallée. Les ouvriers auraient quitté la mine après avoir provoqué un éboulement partiel et dévoyé la principale galerie. On construisait, lors de notre visite, une galerie située à un niveau inférieur et destinée à recouper et à étudier le filon dans sa partie encore intacte (*).

Le minerai est un mélange de galène compacte à grains très-serrés, ayant donné à l'essai 25, 20, 18 et 10 gr. d'argent aux 100 kilog. de plomb, d'un peu de blende jaunâtre et de carbonate de chaux cristallisée. C'est donc comme à Dosselli, seulement un minerai de plomb, dont l'exploitabilité résultera surtout de la grande hauteur de la galerie au-dessus de la vallée (3 à 4oo mètres), de la faible proportion de gangue, de la compacité de la galène, de la puissance et de la régularité du filon.

A ce gisement se rattachent divers affleurements de blende et de calamine dont les plus importants (**) sont situés sur la crête du ravin de Provaglio et de l'autre côté de cette dernière à Fontanelli.

Ces filons sont parallèles au filon principal et paraissent

(*) Peut-être y aura-t-il lieu de prolonger cette galerie jusque sous le massif dolomitique pour rechercher s'il n'y aurait point de filons parallèles se rattachant à la même formation.

(**) Sans parler d'un filon d'importance moindre à Saint-Gottardo, sur la rive gauche du Chiese.

former un même système avec lui ; mais ils sont encore trop peu étudiés pour que nous en parlions autrement que comme simple mention.

§ 2. Gisements des vallées Sassina et Rossiga.

Nous dirons quelques mots seulement sur les deux groupes de gisements métallifères situés dans les vallées Sassina et Rossiga. Ce sont principalement des filons de plomb avec un peu de cuivre, dont la situation géologique est sensiblement la même que celle des gisements du val Trompia, dont nous parlerons en détail dans la suite.

Les filons recoupent les micaschistes et les grès près de leur contact réciproque et sont liés à une éruption de mélaphyres dont le massif principal apparaît entre les deux groupes un peu au N.-O. de Corte-Nova.

A. *Groupe du val Sassina.* — Les gisements qui constituent le groupe du val Sassina sont concentrés, à Introbbio même, sur le flanc droit du ravin d'Aqua-Madura, à quelques pas des anciennes laveries. Les filons métallifères, au nombre de quatre entre Introbbio et le Corno, recoupent les schistes et les grès et vont en s'amincissant et s'appauvrissant dans ces derniers.

Ils ont pour direction (magnétique) moyenne, celle des grands filons du val Trompia, N. 10-20° O., et font un angle de 50° environ avec les assises sédimentaires dirigées sensiblement vers O. 5-10° N. L'allure générale du groupe est assez fortement magnésienne. Les schistes encaissants se rapprochent plus du type talcqueux que du type micacé et le remplissage métallique est un mélange de galène argentifère (90 grammes aux 100 kilog. de plomb) et de pyrite cuivreuse. La galène prédomine en général dans les filons d'Introbbio ; la blende est rare et en mouches isolées, la gangue se compose de dolomie, de fer carbonaté, de quartz et de sulfate de baryte. Pour mettre ces filons en

2

exploitation, on a commencé en 1864 une galerie basse
installée au niveau de la laverie et qui, après être entrée
dans la montagne en allongement sur l'un d'eux, devait se
diriger à travers bancs, avec un développement de 400 mètres, pour recouper les autres et servir au roulage et à l'é-
puisement des eaux.

Entre Introbbio et Corte-Nova, se trouvent plusieurs autres filons moins étudiés encore que les précédents. L'un
d'eux paraît avoir de la pyrite cuivreuse pour remplissage
dominant; mais les travaux de recherche ne sont pas encore assez avancés pour permettre d'en donner une descrip-
tion détaillée.

B. *Groupe du val Rossiga*. — Au delà de Corte-Nova se
trouve une petite vallée oblique à la vallée principale, qui
présente tous les caractères d'une faille et dans le thalweg
de laquelle apparaît la protogine porphyroïde. C'est dans
cette roche, qui finit par occuper tout le flanc occidental du
petit vallon de Rossiga, que l'on a trouvé et que l'on peut
observer le plus facilement les filons métallifères.

On en connaît plusieurs dont les affleurements présentent tous, avec une constance remarquable, la direction
N. 64-66° E. Mais la structure de la vallée et l'aspect du
minerai nous font penser que tous ces filons doivent être re-
gardés comme les ramifications de deux ou trois puissants
filons centraux, dont *Morso-Alto*, situé près de la crête,
Morso-Basso placé un peu plus bas, et *Prato-S'.-Pietro*
qui affleure dans la vallée Sassina, sont les représentants
principaux. Le remplissage de ces divers filons est de la
galène argentifère (137 grammes d'argent aux 100 kilog. de
plomb), un peu de blende et de la baryte sulfatée cristalline. L'ensemble présente une structure zonée avec épontes
régulières et polies et salbandes argileuses. Tous ces indices
annoncent des gisements bien caractérisés, dont l'importance a déjà été constatée par un premier abatage et que
deux galeries à travers bancs, installées à 150 mètres ver-

ticalement l'une de l'autre et activement poussées lors de notre visite, permettront de mettre en exploitation régulière.

C. *Groupe du lac de Côme.* — Il faut rattacher aux groupes que nous venons de décrire, trois gisements situés entre le lac de Côme et l'extrémité occidentale du val Sassina. Ces gisements présentent une particularité remarquable; au lieu d'être concentrés dans des fentes, ils sont disséminés dans une assise dolomitique appartenant à la partie supérieure du muschelkalk; ils ne renferment d'ailleurs, comme minerai, que de la galène sans traces de sulfures étrangers, et comme gangue qu'un peu de calcite cristallisée. L'une et l'autre forment des veinules et des mouches irrégulières au milieu du calcaire dolomitique compacte. La puissance de cette formation est de 3 mètres environ. Elle supporte à son toit une assise de calcaire schisteux peu magnésien, d'un aspect caractéristique qui permet d'en suivre et d'en étudier l'affleurement. On en connaît jusqu'à présent deux représentants; l'un aux bords du lac de Côme, qui comprend les trois concessions de Ballabio, Laorca et Mandello, l'autre dans le Tyrol italien où il forme la concession de Rumo. Malgré la faible teneur en argent de la galène (10 à 20 gr. par 100 kilogr. de plomb), le premier a pu être l'objet d'importants travaux de recherche et même d'un commencement d'exploitation; la richesse moyenne de la couche minéralisée est en effet considérable; même dans les travaux de recherche, il a suffi en moyenne de 4 m. c. de roche pour produire le minerai correspondant à une tonne de plomb.

Le second de ces gisements, au contraire, paraît avoir une valeur beaucoup moindre et n'a pu être exploité avantageusement jusqu'à ce jour.

§ 3. *Gisements de la vallée Trompia.*

La vallée Trompia, traversée par la Mella, est peut-être la plus importante de toutes les vallées métallifères du versant méridional des Alpes. C'est elle qui offre le développement typique des roches stratifiées, et depuis Tavernola, en deçà de Bovegno, jusqu'à la crête de la chaîne principale qui forme la vallée Cammonica, on observe, dans une direction sensiblement parallèle à la Mella et sur la rive droite de cette dernière, la superposition des grès aux schistes cristallins recoupés par une éruption porphyrique que nous avons signalée comme caractérisant le voisinage des gisements métallifères.

Aussi trouvons-nous, entre les limites que nous venons d'indiquer, tout le versant nord de la vallée principale, — c'est-à-dire les ravins des affluents de droite de la Mella : Pezzaze-Graticella, Navazze, Torgola, Bavese, — fortement minéralisés et recoupés par plusieurs systèmes de filons métallifères. Nous ne parlerons que des principaux.

A. *Formation ferro-cuivreuse. Groupe de la vallée de Pezzaze.* — Nous avons déjà mentionné plus haut la double série de roches éruptives qui recoupent dans cette vallée les schistes, le grès rouge, le servino et jusqu'aux dolomies (avec jaspe rouge au contact), dont les escarpements forment la rive droite de la Mella. La première est représentée par des mélaphyres assez feldspathiques, auxquels se rattachent les filons plombeux dont nous reparlerons plus tard ; la deuxième, moins développée superficiellement, mais non moins importante et postérieure à la première, dont elle empâte les fragments, a pour remplissage ces roches verdâtres, terreuses et peu consistantes qui ont apparu à l'état boueux et qui par leur composition se rapprochent beaucoup de celles qui acccompagnent les filons cuivreux de la Toscane et particulièrement celui de Monte-

Catini. Nous pensons que c'est à elles qu'il faut rattacher un système de filons, orienté E. 6 à 12° N., dont le remplissage se compose de fer spathique cristallin, de calcite et de limonite, avec quelques rares veinules de pyrite jaune.

Ces filons sont encore partiellement exploités et fournissent une partie des fers consommés par les fabriques d'armes des environs de Brescia. Dans ceux d'entre eux qui se trouvent sur le flanc droit et à la partie supérieure de la vallée, on trouve tantôt au mur, tantôt au toit, des veines et des mouches irrégulières de cuivre pyriteux et de cuivre gris, qui constituent peut-être un remplissage postérieur se rattachant plus spécialement à l'éruption magnésienne.

Une analyse faite au bureau d'essais de l'École des mines, sur un fragment de cuivre gris non entièrement débarrassé de sa gangue ferrugineuse, a montré que 100 kilog. de ce minerai ne renfermaient pas moins de 12 kilog. de cuivre et $0^k,508$ d'argent. Malheureusement il n'a encore été rencontré qu'accidentellement, et l'on n'a pas encore entrepris de travaux permettant de déterminer son importance et son allure géologique.

B. *Éruption plombeuse. Groupe des vallées Graticella, Navazze, Torgola, Bavese.* — Les gisements correspondant à ce groupe géographique sont plus explorés et mieux connus que tous ceux que nous avons étudiés jusqu'ici. Leur richesse est comparable à celle des filons cuivreux de Barghé, mais ils ont sur ces derniers l'avantage de pouvoir, au moins partiellement, être mis en exploitation immédiate, leur étude ayant franchi la période des travaux préparatoires, qui exigeront plusieurs années dans la vallée Sabbia.

Ces filons présentent les caractères les plus favorables. Le voisinage d'une éruption porphyrique, la nature de la roche encaissante qui se prête mieux que toute autre aux champs de fracture bien accentués, leur nombre, leur puissance, le parallélisme de leurs directions qui oscillent (sauf

Arnaldo) entre N. 10° O. et N. 25° O., l'uniformité, la nature et la distribution de leurs remplissages métalliques et de leurs gangues, leur structure zonée, la netteté de leurs épontes et les surfaces de glissement qu'on y observe ; tout concourt à nous faire voir dans leur ensemble un puissant système métallifère, dont les filons actuellement connus ne sont peut-être pas les seuls représentants.

Ainsi que nous l'avons dit plusieurs fois déjà, ils recoupent les schistes cristallins dans le voisinage des grès rouges, et la plupart d'entre eux se continuent même à travers ces derniers, mais ils s'y appauvrissent toujours et ne sont exploitables que dans les terrains schisteux. Or, tandis que la vallée de la Mella est dirigée presque exactement E.·O. (astr.), la ligne de contact des schistes et des grès se relève comme dans le val Sassina, un peu vers le Nord ; en allant de Tavernola à San Colombano, sur la rive droite de la rivière, les schistes s'élèvent donc à une hauteur croissante au-dessus du fond de la vallée, et les filons se trouvent par suite dans des conditions de plus en plus favorables à leur exploitation (*fig. 2*).

a. Val de Graticella. Filon de Fusinetto. — Dans le val de Graticella, où se trouve le premier représentant du système, l'affleurement des schistes se fait presque au niveau du torrent à sa jonction avec la Mella. C'est dans le grès seulement qu'on a pu étudier l'allure du filon auquel on a donné le nom de Fusinetto Il présente les caractères suivants : Direction N. 10-15° O., inclinaison 75-80°. Salbandes nulles ; épontes indistinctes, absentes même souvent ; le grès encaissant a été remanié par les eaux acides du filon ; il a été presque entièrement blanchi et passe par transition à peu près insensible au quartz qui fait partie de la gangue du filon. Outre de nombreux fragments de la roche encaissante empâtés et fortement soudés, le remplissage, assez complexe, se compose de galène, de blende, d'un peu de pyrite de fer (et de cuivre ?), de quartz, de fer carbonaté et d'un peu de spath fluor. La baryte, si fréquente dans les autres vallées, est entièrement absente ici. On ne la trouve nulle part dans les affleurements, ce qui est un gage à peu près certain de son absence en profondeur. La galène présente les caractères habituels des minerais d'affleurement ; elle est disséminée en mouches très-fines, et d'une teneur en argent très-variable.

Deux analyses nous ont donné en effet, l'une 60, l'autre 80 grammes d'argent par 100 kilog. de plomb, tandis qu'un autre échantillon, analysé au bureau d'essai de l'Ecole des mines, n'en a renfermé que 34 grammes.

Ce filon ne serait pas exploitable dans les grès malgré une puissance voisine de 2 mètres, car son remplissage moyen est très-pauvre et la roche cimentée par du quartz est d'une dureté extrême.

Comme, d'autre part, les schistes s'élèvent peu au-dessus de la Mella, et que l'exploitation de la richesse minérale située à un niveau inférieur à celui de la vallée exigera l'installation d'une machine motrice, ce filon n'aura d'importance que le jour où son exploitation pourra être reliée à celle du système dont il fait partie. Ce qui d'ailleurs permet de compter sur son extension horizontale, c'est que l'on a observé des affleurements situés sur le prolongement de sa direction, et qui s'étendent, d'une part, dans le haut de la vallée jusqu'au pied du Muffetto, et de l'autre, jusque dans les dolomies situées sur le versant gauche de la vallée principale.

b. — *Val de Navazze.* — Le massif qui sépare la petite vallée de Graticella de celle de Navazze est formé tout entier de grès rouge, recouvert d'une abondante végétation qui ne permet pas d'aborder l'étude des affleurements, et ce n'est que sur la rive droite du val de Navazze que l'on retrouve le premier filon métallifère.

Le val de Navazze présente les mêmes caractères que celui de Rossiga. C'est encore une puissante fracture à l'intérieur de laquelle paraît une protogine porphyroïde, elle-même recoupée par des failles assez nombreuses remplies tantôt d'incrustations calcaires, tantôt d'enduits serpentineux. Les flancs de la vallée sont formés de grès et de micachiste; ce dernier s'élevant un peu plus rapidement que le thalweg du torrent.

Les filons de cette vallée sont nombreux, riches et puissants; ce sont en remontant le thalweg :

1° Le filon *del Ponte*, dont les affleurements sont visibles depuis la route de Collio; sa puissance est de 2-3 mètres, sa direction N. 12° O., et son remplissage à l'affleurement est composé de fluorine, fer spathique (rare) calcite, pyrite de fer, pyrite de cuivre, galène en grains très-fins.

Ce filon ne paraît pas avoir été connu des anciens.

2° Les filons *Augusto inferiore et Augusto superiore*, dé-couverts peu avant notre visite; le premier, assez étroit, est dirigé vers N. 10° O. et recoupé à son affleurement dans la vallée par une faille orientée N. 45° O. Le second, plus important, a une puissance qui varie de 1m,5 à 2m,5, et est dirigé vers N. 18°-22° O. Leur remplissage est mal étudié encore; on n'y a, jusqu'à présent, constaté que la galène en mouches très-fines disséminées dans du spath fluor blanc. Comme les précédents, ils n'ont été l'objet d'aucuns travaux.

3° Le filon *dei Kemmi*, le plus puissant de tous, qui n'a pas moins de 3m,50 d'épaisseur totale et sur lequel les anciens avaient établi deux galeries de recherche, partielle-ment éboulées aujourd'hui. Son remplissage paraît double : au toit, sur une largeur de 1 mètre, le quartz prédomine avec un peu de pyrite et du fer carbonaté. Dans l'autre par-tie, la seule entamée par les anciens, on retrouve les mine-rais habituels du groupe : Calcite, fluorine et galène, avec géodes abondantes le long du mur.

Le filon recoupe le grès rouge jusqu'à une hauteur de 300 mètres au-dessus des micaschistes et se prolonge peut-être jusqu'à la vallée principale, car, au point où sa direction recoupe la route de Collio, on retrouve un filon de 0^m,50 à peu près de fer spathique et de quartz qui paraît en représenter la continuation.

4° Un petit filon de fer carbonaté avec quartz, d'un aspect tout à fait différent du précédent et presque perpendiculaire à la direction des autres filons de la vallée ; il est recoupé comme le n° 2 par une faille orientée vers N. 48° O.

5° Le *filon de Navazze* proprement dit, dont la direction oscille entre N. 5° et N. 25° O., dont la puissance à l'affleurement varie de 2 à 3 mètres et qui a pour remplissage du spath fluor et de la galène en mouches fines.

C'est après le filon *dei Kemmi* le plus important de la vallée. Il possède même sur ce dernier l'avantage d'avoir une hauteur de plus de 300 mètres dans les micaschistes au-dessus de la vallée principale, mais il est aussi beaucoup plus éloigné de la route et, par suite, des voies de communication nécessaires à son exploitation.

6° Enfin plusieurs petits filons parallèles et semblables à ceux que nous avons décrits et qui sont d'autant moins connus que l'on s'élève davantage dans la montagne. Aucun des filons de cette vallée n'a été le siége de travaux de recherche sérieux et nous ne pouvons nous faire quelque idée de leur importance que d'après leurs affleurements et leurs analogies avec les filons un peu mieux étudiés de la vallée suivante.

c. Vallée de la Torgola. — Entre la vallée de Navazze et celle de la Torgola on observe un groupe de petits filons encore peu connus de fer spathique et de quartz dont la direction oscille entre N. 10° et N. 20° O. comme celle des filons précédents ; aussi ne serions-nous pas éloignés de penser qu'ils appartiennent au système formé par ces derniers, et qu'ils renferment, comme eux, du spath fluor et de la galène en profondeur.

La vallée de Torgola elle-même reproduit sur une

plus vaste échelle les caractères de celle de Navazze.

Les micaschistes affleurent à peu près au niveau du torrent, puis s'élèvent doucement jusqu'au delà du premier filon; là, par suite d'une pente plus rapide du thalweg, ils
disparaissent de nouveau pour reparaître définitivement
aux abords du deuxième filon et s'élever alors sans inter-
ruption jusqu'au haut de la vallée où ils s'adossent contre
le granulite qui forme la crête de la vallée de la Mella.

La protogine, sans affleurer aussi nettement qu'à Navazze, se retrouve, moins riche en calcite et plus porphyroïde, avec chacun des deux filons de la vallée. Elle encaisse
distinctement l'un d'eux (Arnaldo), et forme, en profondeur,
où elle s'évase rapidement sous forme de cône allongé, les
épontes du second (Torgola).

Quant aux deux filons plombeux eux-mêmes, ils ont été
mieux étudiés que les précédents, et nous pouvons décrire
avec plus de détails leur allure et leur valeur industrielle.

1° *Filon d'Arnaldo.* — Le filon d'*Arnaldo*, présente nettement la structure zonée; le centre est occupé par un mélange de quartz et de spath fluor avec mouches de blende
(rare) et de galène, sur les bords on trouve principalement du fer spathique et du quartz.

La galène a été analysée et a donné, dans une double
série d'analyses faite par le Bureau d'essais de l'École des
mines (*a*) et par nous-même (*b*), comme teneur en argent
par 100 kilog. de plomb :

a) : 96 gr., 100 gr. ; *b*) : 120 gr., 160 gr., 165 gr.

Encaissé au niveau de la vallée par la protogine porphyroïde, le filon s'élève en s'amincissant rapidement dans les
grès rouges. Il est recoupé par une série de failles sensiblement parallèles et dirigées vers N. 5° E. On n'en compte
pas moins de trois sur une longueur de 25 mètres, et elles
ont produit des rejets assez considérables pour apporter de

sérieuses difficultés aux travaux de recherches. La direction du filon d'Arnaldo diffère assez notablement de celle des autres filons de la vallée, et oscille entre N. 40° et N. 45°O. ; mais comme elle n'est connue que dans la partie disloquée, il faut attendre les travaux en profondeur pour se prononcer définitivement à son égard.

2° *Filon de la Torgola.*—Le filon de la Torgola (mine de Providenzia) peut être à bon droit regardé comme le représentant principal du groupe des filons plombeux de la vallée Trompia. Il a été recoupé en profondeur par des travaux anciens et des galeries modernes, qui ont permis d'étudier, non-seulement ses affleurements, mais encore son allure réelle, et de montrer que cette allure réalisait les prévisions que les premiers avaient fait naître.

Réciproquement, comme les affleurements du filon de la Torgola sont identiques ou tout au moins analogues à ceux des autres filons du groupe, nous sommes en droit d'appliquer à ces derniers les résultats obtenus par l'examen des parties profondes de celui de la Torgola.

Le filon de la Torgola n'a pas moins de 3 à 5 mètres de puissance. Sa direction, mesurée à l'intérieur des travaux, varie de N. 10° à 15° O. Son inclinaison est de 80 degrés environ. Il recoupe les micaschistes et les grès, et s'élève en s'amincissant dans ces derniers jusqu'à une hauteur supérieure à 200 mètres au-dessus des terrains cristallins.

Ses affleurements ont été détruits par les travaux des anciens, mais leurs débris accumulés sur le flanc de la montagne et l'aspect de l'entrée des galeries nous montrent que, comme ceux des filons précédents, ils se composaient de spath fluor et de quartz avec galène, blende et pyrites en mouches extrêmement fines. Le spath fluor prédomine beaucoup, et on le trouve souvent en grandes masses très-pures, blanches ou légèrement colorées en vert et en violet. En profondeur, ces caractères changent un peu, la richesse métallifère augmente rapidement et le minerai apparaît avec une structure zonée en grand.

Les mouches de galène, de blende et de pyrite augmentent de volume, et au niveau de la vallée, elles sont déjà assez considérables pour constituer un minerai qui n'a plus besoin d'être soumis au bocardage, les parties les plus grosses se prêtant par leur taille au cassage et au triage à la main.

La galène et la blende sont nettement séparées ; cette dernière est en proportion assez faible pour ne pas apporter de trop grands obstacles au traitement métallurgique : la pyrite est très-rare et semble diminuer en profondeur. Des échantillons de teneur moyenne ont donné dans une série d'essais, 28, 29, 30 et 31 p. 100 de plomb; la puissance du filon aux points correspondants varie de 3 à 5 mètres et correspond par suite à un minimum de $0^m,50$ de galène pure. Les épontes au niveau de la vallée sont, comme nous l'avons déjà dit, formées par le granite porphyroïde.

De nombreuses analyses ont été faites pour déterminer la teneur en argent du minerai de ce filon.

Une première série d'analyses faites par l'ingénieur chargé des travaux de recherches lui a donné 200, 215, 220 et jusqu'à 240 grammes, soit en moyenne 215 grammes d'argent aux 100 kilog. de plomb; dans une analyse faite en commun sur les lieux, nous avons obtenu 150 grammes, enfin le bureau d'essais de l'École des mines a trouvé 185 grammes d'argent aux 100 kilog. de plomb dans un schlich provenant du percement de Maria-Stollen.

Peut-être faut-il admettre pour expliquer ces divergences, qu'il existe dans ce filon plusieurs remplissages successifs de teneur différente ; quoi qu'il en soit, nous serons toujours en deçà de la vérité en lui assignant 150 grammes d'argent par 100 kilog. de plomb comme teneur moyenne.

d. Vallée de Collio.—Après le massif de grès rouge, probablement stérile, qui sépare la vallée de la Torgola de

Collio, nous retrouvons des représentants du groupe de filons qui nous occupe, dans la petite vallée qui aboutit au bourg de Collio. Leurs affleurements sont peu connus et leur existence même ne nous est guère révélée que par les restes d'anciens travaux et quelques traditions locales. Aussi ne les citons-nous que pour mémoire et pour bien montrer la continuité et le développement du système de filons dont ils font partie.

Au delà de Collio, une puissante éruption de mélaphyres, qui forme en quelque sorte le pendant de celle de Bovegno, se fait jour à travers les assises sédimentaires. Ce sont des roches noires très-basiques avec de nombreux cristaux de pyroxène et quelques rares cristaux de feldspath. Elles présentent en grand la structure prismatique et leurs arêtes vives attestent de leur faible altérabilité aux agents atmosphériques. Ces mélaphyres ne forment point un massif tout à fait homogène et l'on y trouve, comme nous l'avons déjà signalé, remplissant des lignes de fracture postérieures avec surfaces de glissement, des filets minces de roches magnésiennes voisines des serpentines compactes. Ce phénomène, que l'on a souvent l'occasion d'observer dans les éruptions de mélaphyres, forme le pendant de celui de Bovegno et le complément de celui que nous trouverons à Gambidolo. C'est à lui qu'il faut sans doute rattacher l'apparition du cuivre gris de Pianto di Miro dont nous parlerons dans un instant.

A l'inverse des porphyres de Barghé, les mélaphyres de Collio ne renferment aucune formation métallique, mais cette dernière reparaît immédiatement au delà de leur contact avec les terrains stratifiés et se trouve dans tout le haut de la vallée.

Les filons qui la constituent sont en général peu connus, leurs affleurements ayant souvent été enlevés par d'anciens travaux dont il nous reste de nombreux et importants vestiges; ils sont d'ailleurs tous concentrés dans les deux

dernières vallées latérales de la rive droite de la Mella, les
vallées de Gambidolo et de la Bavezza.

e. Vallée de Gambidolo. — On n'y connaît jusqu'à présent,
et fort imparfaitement encore, qu'un seul filon, dans le voisinage duquel on trouve un trapp serpentineux (chloriteux)
à noyaux calcaires et dont le remplissage paraît contenir,
outre les minerais habituels de la formation (spath fluor,
quartz et galène en mouches fines), une fraction assez
considérable de pyrite de cuivre. Des mesures fort incer-
taines semblent annoncer que sa direction est un peu plus
occidentale que celle des autres filons (*fig.* 1).

Quelques débris de halde et une petite galerie percée sur
le flanc presque inaccessible du ravin montrent que ce filon
était connu et peut-être exploité par les anciens.

*f. Vallée de la Bavezza. Filons de Palestro-Magenta-
San-Martino, Bavese.* — La vallée de la Bavezza est plus
riche que la précédente et l'on y trouve un dernier représentant de notre système. Seulement comme près de la crête
de la chaîne centrale, à laquelle vient aboutir la vallée de
la Mella, les différentes assises sédimentaires (très-amin-
cies d'ailleurs, comme le montre le croquis *fig.* 3) ont subi
des dislocations assez considérables, nous n'avons pas pu
nous faire, malgré quelques travaux de recherche sérieux,
une idée nette de l'allure et de la constitution du gisement.

Dans le principe, le peu de liaison des affleurements avait
fait croire à une série de filons distincts : Palestro, Ma-
genta, San-Martino, Bavese ; plus tard, la présence de
failles et de rejets assez puissants a montré l'identité des
deux premiers. La découverte d'une ancienne galerie leur a
réuni aussi le troisième, et il n'est pas impossible que le
gisement exploité dans le puits sur la rive droite de la
Bavezza doive être, au moins en partie, confondu avec eux.

Les travaux ont, en effet, montré qu'il y avait dans ce
puits deux filons d'une très-grande puissance avec tous les

phénomènes habituels des croisements : élargissement, enrichissement et concentration de la masse métallifère.

Le filon croisé, dont la direction n'a pu être déterminée encore, paraît identique à celui de San-Martino-Palestro ; le filon croiseur qui s'observe très-nettement dans le lit du torrent est dirigé de N. 5-10° O. et a un remplissage de fer carbonaté avec mouches de pyrite et de galène. Au croisement, comme dans les affleurements de Palestro-Magenta-San-Martino, on a retrouvé tous les minéraux caractéristiques du système : galène, blende, quartz et spath fluor, ce dernier étant de beaucoup le plus abondant.

Les minéraux de croisement présentaient en grand la structure zonée. On y voyait, tantôt le carbonate de fer empâté dans des bandes de spath fluor et de quartz, tantôt la disposition inverse. On ne pouvait donc rien conclure sur le mode de remplissage des filons, et il fallait attendre le développement des travaux en profondeur.

Les difficultés croissantes que présentait cette entreprise semblèrent levées par la découverte d'une série de galeries anciennes qui paraissent avoir été établies dans le but de recouper le gisement en profondeur.

La plus importante d'entre elles, nommée Pianto di Miro, part de la Mella et passe sous le massif qui.sépare cette dernière de la vallée de la Bavese. Malheureusement on s'aperçut bien vite, en la déblayant, qu'elle ne se prolongeait pas bien avant sous la montagne, et qu'après s'être dirigée pendant 100 mètres vers le nord, puis encore pendant 5o mètres vers le nord-ouest, elle s'arrêtait brusquement après avoir recoupé un petit filon de 0^m,4 de puissance, ayant un remplissage de fer spathique avec galène. Il faudrait la prolonger de plus de 3oo mètres encore pour arriver sous les gisements de Palestro-Bavese, ce qui exigerait un travail de trois années et une dépense de 15.000 francs à peu près. Sans cette galerie, les gisements de Palestro-Magenta-Bavese peuvent difficilement être considérés comme exploitables.

C'est dans le voisinage de ces travaux, à 50 mètres vers l'est, que l'on a trouvé une ancienne halde et l'affleurement indistinct d'une roche quartzeuse avec des produits d'altération noirâtre et des mouches d'un cuivre gris, qui, d'après une analyse faite sur place, serait plus argentifère encore que celui de Pezzaze et ne renfermerait pas moins de 1,5, à 2 p. 100 d'argent aux 100 kilog. de minerai.

Enfin, mentionnons pour être complet : 1° un filon de galène pauvre dans la dolomie, *Chadeluf*, en face de San-Colombano, qui par son allure paraît appartenir à la formation de Barghé; 2° des affleurements et une ancienne galerie dans les micaschistes sur le flanc du Dosso-Alto, au haut de la vallée sur lesquels on n'a pas encore installé de travaux de recherches.

Résumé et conclusion. — On voit d'après ce qui précède qu'il existe dans la vallée Trompia deux systèmes de filons métallifères dont les caractères principaux peuvent se résumer comme il suit :

Les gisements apparaissent en général dans les schistes cristallins qu'ils traversent; ils s'élèvent dans le grès rouge qui recouvre ces schistes, mais s'y amincissent et s'y appauvrissent rapidement.

Plusieurs d'entre eux se trouvent dans le voisinage d'une pegmatite porphyroïde, qui paraît avoir provoqué les premières dislocations de la contrée, et préparé les champs de fracture des périodes suivantes. Ils peuvent se grouper en deux grands systèmes qui paraissent se relier chacun à une éruption spéciale.

Le plus ancien et le plus important des deux, est un *groupe de filons à remplissage plombeux* qui se rattache à une éruption de mélaphyres feldspathiques représentés par les deux massifs de Bovegno et Collio. Les filons qui le constituent sont nombreux, puissants et sensiblement parallèles. Leur direction moyenne est N. 15° O.

Leur remplissage, assez complexe, paraît appartenir à deux époques distinctes, et se compose des éléments suivants : 1° *Galène argentifère* (100 à 150 gr. d'argent aux 100 kil. de plomb). *blende, spath fluor, calcite, quartz;* 2° *Fer carbonaté, chalcopyrite.* — Ces derniers ont presque toujours dans les filons une position qui permet de conclure à un remplissage postérieur et doivent probablement être rattachés au système suivant. La richesse métallifère et la teneur en argent des galènes augmentent en profondeur. Enfin les filons présentent des affleurements larges et bien accusés, des épontes nettes avec surfaces de glissement fréquentes et salbandes argileuses, en un mot tous les caractères géologiques propres aux formations métallifères bien caractérisées.

Le système à remplissage cuivreux, moins développé, se relie aux éruptions magnésiennes qui accompagnent et recoupent les massifs mélaphyriques. A part peut-être les filons de Pezzaze, qui paraissent s'y rattacher plus spécialement, on ne connaît guère de lignes de fractures dont il forme le remplissage spécial, et on le trouve le plus souvent occupant, comme remplissage ultérieur, les épontes d'anciens filons réouverts.

Sa direction est mal déterminée à cause de la circonstance précédente, et l'on ne peut qu'indiquer provisoirement celle de Pezzaze (N. 80-85° O. m.). Son remplissage se compose de fer carbonaté, cuivre pyriteux, et cuivre gris très-argentifère. C'est sur la présence de ce dernier que repose l'avenir de ce groupe de filons, et c'est à sa recherche surtout qu'il faudra consacrer les travaux de Pezzaze et de Pianto-di-Miro.

Il nous reste à dire un mot sur l'âge de nos deux systèmes. En admettant que le système cuivreux soit contemporain des roches magnésiennes qui recoupent les mélaphyres de Pezzaze, on est amené à le considérer comme très-moderne et postérieur à toutes les formations secondaires. Quant au système plombeux, il présente de grandes analogies de remplissage et de direction avec la formation barytique de Freyberg.

Mais il en diffère en ce que la galène possède une plus grande teneur en argent et la gangue une plus grande richesse en quartz. D'ailleurs l'assimilation que nous avons faite entre les mélaphyres de Collio et ceux du Tyrol permet de rapprocher, et peut être même d'identifier l'âge de ces deux formations. Cette assimilation fait, en effet, remonter à la fin de l'époque triasique l'apparition de la formation plombeuse qui se rattache aux mélaphyres dont nous venons de parler, et, d'autre part, on sait que la formation barytique de Freyberg représente l'équivalent développé des arkoses du Morvan, dont l'âge correspond à la période du lias inférieur, c'est-à-dire à la base du terrain jurassique.

<hr>

DEUXIÈME PARTIE.

CONDITIONS INDUSTRIELLES DE CES GISEMENTS.

<hr>

CHAPITRE Ier.

ROUTES. — FORCES MOTRICES. — POPULATION OUVRIÈRE.

Routes. — Les différents districts métallifères que nous venons d'étudier sont tous placés dans une situation favorable par rapport aux grandes voies de communication de la Lombardie.

Les trois vallées principales qui les comprennent (Sassina, Sabbia et Trompia) sont en effet traversées par des routes stratégiques de premier ordre, qui viennent aboutir aux voies ferrées à Lecco et à Brescia.

La longueur à parcourir sur ces routes, tout à fait insignifiante à Ballabio et Laorca (5 à 6 kilomètres seulement), atteint 12 à 15 kilom. pour Introbbio, 30 à 35 kilom. pour le val Sabbia, 40 à 50 kilom. pour le val Trompia. Quant à la distance qui sépare les gisements de ces grandes voies de communication, elle est en général très-faible, et s'élève à quelques centaines de mètres au plus pour les gisements principaux tels que ceux de Ballabio, Laorca, Mandello, les filons du val de Navazze et de la Torgola (dans le val Trompia) et les filons cuivreux du val Sabbia. Elle est un peu plus considérable pour ceux de Pezzaze et le groupe de la Bavezza, mais, comme on l'a vu, ces derniers correspondent aux cuivres gris argentifères, c'est-à-dire à des minerais à la fois moins abondants et plus précieux et sur lesquels une petite élévation dans les frais de transport n'exercera aucune influence, le jour où ils pourront être mis en exploitation.

Cours d'eau. Moteurs. — Les gisements sont également situés d'une manière favorable par rapport aux cours d'eau et, par suite, possèdent naturellement les forces motrices nécessaires à leur exploitation.

Dans le val Sabbia, les gisements sont presque tous situés sur le flanc méridional de la vallée principale; le Chiese fournirait abondamment toutes les eaux nécessaires à la préparation mécanique et au mouvement des moteurs exigés par le traitement métallurgique des minéraux.

Il existe d'ailleurs sur cette rivière un canal de dérivation donnant une chute de près de 300 chevaux qui, à peu près inutilisée aujourd'hui, pourrait être acquise à des conditions extrêmement favorables.

Dans le val Sassina, comme dans le val Trompia, les

gisements sont situés dans de petites vallées étroites incultes, et inhabitées ; leur thalweg est occupé par un torrent dont les eaux, sans emploi jusqu'ici, sont en général suffisantes pour la préparation mécanique des minerais sortant des mines voisines, la pente toujours rapide de la vallée permettant de disposer les ateliers verticalement et d'utiliser ainsi plusieurs fois les mêmes eaux. Ces circonstances sont surtout réalisées pour la vallée de la Torgola qui, à 100 mètres de la mine et tout près de sa jonction avec la vallée principale, s'élargit de manière à fournir un emplacement des plus commodes pour une laverie. Le débit du torrent en ce point est suffisant, pour répondre, même pendant les mois d'été, aux besoins de la préparation mécanique.

D'ailleurs, nous rappelons encore une fois que la situation spéciale des filons, à une hauteur moyenne assez considérable, au-dessus du thalweg de la vallée, permet de les exploiter pendant un temps assez long sans exiger le secours de machines motrices pour l'épuisement ou l'extraction, et que le jour où ces dernières seraient nécessaires, la Mella qui parcourt la vallée principale fournira (comme le Chiese dans le val Sabbia), toute la force motrice exigée par le travail de la mine et par celui de l'usine.

Quant aux filons situés dans le haut de la vallée, San-Martino-Bavese et Pianto di Miro, les minerais qu'ils fournissent devront être, au moins provisoirement, transportés après triage à Collio même, où il existe sur la Mella un martinet hydraulique, dont on avait utilisé l'installation dans la première période des recherches pour le pilonnage et le lavage grossier des minerais. On pourrait à très-peu de frais le transformer en un petit atelier de préparation mécanique et le faire servir, jusqu'à plus ample développement des travaux, au lavage de tous les minerais de Bavese, de la Torgola et peut-être même du val de Navazze.

Population ouvrière.—Pour terminer ces renseignements

généraux, il nous reste à dire quelques mots de la population ouvrière de ces vallées. Comme toutes les populations montagnardes, elle est active et courageuse au travail. L'exploitation des petites poches d'hématite et de fer spathique intercalées dans les replis du Servino, qui de tout temps a été faite par les paysans eux-mêmes, a donné à ces derniers l'habitude du travail souterrain, et si leur habileté laisse beaucoup à désirer encore, au moins ne rencontre-t-on jamais chez eux ni difficulté, ni répugnance à échanger la charrue contre le pic du mineur.

Deux circonstances ont d'ailleurs contribué dans ces dernières années à développer ces conditions favorables : l'abandon de la plus grande partie des petites mines de fer, par suite de la stagnation des forges lombardes, due à l'importation croissante des fers étrangers, et le dépérissement des vers à soie, dont la culture faisait l'élément principal de l'activité industrielle de ces vallées. Il reste donc disponible pour l'exploitation des filons métallifères de la Lombardie septentrionale, toute une population active, habituée au travail de la mine et qui cherche à sortir de l'inaction forcée où elle se trouve depuis quelques années. La meilleure preuve de ce qui précède est dans le bas prix de la main-d'œuvre, qui est de :

fr.
1,50 pour les mineurs de 1ʳᵉ classe
1,30 pour les mineurs de 2ᵉ classe
1,00 pour les apprentis
0,80 pour les femmes et les enfants

À la tâche les bons mineurs gagnent 1ᶠ,80 à 2ᶠ,50 au maximum.

Malgré la modicité de ces salaires, les populations se sont groupées avec empressement autour des travaux de recherche et l'établissement d'un dépôt alimentaire, livrant tous les objets de première nécessité à prix réduits, a développé encore ces bonnes dispositions, en rattachant les ouvriers par leur vie domestique au centre industriel qui leur fournit le travail.

CHAPITRE II.

ÉTAT ACTUEL DES TRAVAUX. — RÉSULTATS OBTENUS.

§ 1. *Val Sassina et Val Rossiga.*

Il ne nous reste que peu de chose à dire pour complé-, ter les renseignements que nous avons donnés sur les gisements du Val Sassina et du Val Rossiga dans la première partie de ce mémoire, les travaux d'exploitation et de recherche, dont ils étaient l'objet, ayant été presque entièrement arrêtés depuis l'année 1865.

Dans le Val Rossiga les travaux de recherche ont été concentrés sur le filon de Monte Alto dont on se proposait d'étudier l'allure et de préparer l'exploitation à l'aide de trois galeries d'allongement, que le voisinage et le parallélisme des affleurements et du thalweg permettaient d'installer facilement près du filon même (*fig.* 5). La première atteignit le filon et constata son plongement régulier vers le nord-ouest, ainsi qu'un enrichissement notable dans le voisinage du contact de la protogine. La seconde, située 24 mètres plus bas a été dirigée vers la même zone et a rencontré ou longé de petites ramifications du filon principal, dans l'une desquelles on a observé de petites paillettes d'argent rouge. La troisième enfin a été installée à 170 mètres au-dessous de la précédente; elle a recoupé un petit filet de 0^m,10 de puissance de pyrite de cuivre, et aura un développement de plus de 400 mètres avant d'atteindre la région dont les travaux supérieurs ont constaté la richesse.

A l'extrémité du Val Sassina, près du lac de Côme, dans la concession de Ballabio, la série des galeries de recherche avait isolé trois grands massifs plus fortement minéralisés que la moyenne de la couche. Faute de laverie, on se contentait d'extraire à l'aide d'un simple triage à la main, un minerai marchand renfermant 60 p. 100 de plomb, le minerai de lavage était provisoirement mis à part pour être traité ultérieurement.

Tout le travail était donné à l'entreprise, et l'on payait aux ouvriers 100 francs par tonne de minerai marchand. Dans ces conditions, le salaire du mineur atteignait 2 francs et celui du manœuvre $1^f.40$ à $1^f.50$. Ces chiffres suffisent pour démontrer tout l'avantage qu'il y aurait à faire des concessions de Ballabio, Laorca et Mandello, le siége d'une exploitation sérieuse, et à installer au pied de l'escarpement qui les renferme, une petite laverie permettant d'en utiliser complétement la richesse métallifère.

§ 2. Val Sabbia.

1° Éruption cuivreuse. — Nous n'avons rien à ajouter à ce que nous avons dit plus haut sur la formation cuivreuse ; les filons qui la composent ne sont encore connus que par leurs affleurements, et aucun des petits travaux entrepris jusqu'à ce jour n'a été au delà des conglomérats porphyriques pour étudier leur allure dans le porphyre compacte. La petite galerie de *Draga inferiore* seule a été un peu plus avant que les autres à l'intérieur de la montagne ; mais à part la présence d'un peu de chalcopyrite, les filets cuivreux n'ont pas changé d'allure. La construction défectueuse de cette galerie en a provoqué l'abandon, avant que l'on eût pu atteindre la roche compacte.

Mentionnons encore, à titre de renseignements une tradition locale qui affirme l'existence d'une galerie basse par laquelle on aurait extrait du cuivre à la fin du siècle dernier. Il serait du plus grand intérêt d'avoir sur ce fait des indications précises.

2° Éruption plombeuse. — L'éruption plombeuse est représentée, comme nous l'avons vu, par les deux filons de Provaglio et de Dosselli (*fig.* 9).

A. *Provaglio.* — On a commencé à percer dans le muschelkalk une galerie qui devait recouper le filon de Provaglio à 25 mètres environ au-dessous des anciens travaux.
Mais bien que cette galerie ait rencontré de petits filets de
calcaire cristallin, avec mouches fines de galène, on a re-
culé devant la longueur qu'il faudrait lui donner pour atteindre le filon. On l'a donc provisoirement abandonnée,
et déblayé par contre l'ancienne galerie d'allongement
communiquant avec la partie inférieure de la grande excavation. On a reconnu ainsi que cette excavation correspon-
dait à une lentille de minerais exploitée par les anciens
et dont ils avaient recherché le prolongement à l'aide de
deux galeries d'allongement et de recherche, et d'un puits
ayant près de 20 mètres de profondeur. Mais au point sur
lequel le puits a été installé, le filon paraît être rejeté par
une faille ou un pli brusque, car après avoir présenté pendant quelque temps une allure assez nette (puissance $0^m.2$,
remplissage, blende, galène (peu abondante), calcite à
gros cristaux), le filon se perd dans les schistes noirs encaissants. Les anciens travaux ne peuvent plus servir de
guide dans cette étude. et nous avons vu plus haut que,
suivant une tradition locale, la malveillance n'était pas
étrangère aux difficultés que présente aujourd'hui la définition précise du gisement.

B. *Dosselli.* — Les anciens travaux (puits et galerie) installés sur le filon de Dosselli, ont dû être abandonnés à
cause de l'infiltration des eaux superficielles ; on a toutefois
pu reprendre pendant quelque temps le fonçage du puits
en suivant le filon qui, peu au dessous du point jusqu'alors
exploré, est devenu sensiblement vertical. Son allure est
restée constante et il se présente toujours sous forme d'une
veine d'une puissance de $0^m,2$ à $0^m,4$ ayant comme remplissage de la galène peu argentifère et de la baryte sulfatée
sans mélange de sulfures étrangers.

En même temps, pour recouper le filon en profondeur et

se ménager aussi une petite zone d'exploitation d'une ving-
taine de mètres de hauteur, on a commencé le percement
d'une galerie perpendiculaire au filon et placée à peu près
au niveau de la rivière. Cette galerie, qui aura 50 mètres
environ de longueur, était à peu près achevée lors de l'a-
bandon des travaux. Le prix du mètre linéaire d'avancement
($2^m,10$ de section) avait été fixé comme il suit : dans le conglomérat, 18 à 24 francs ; dans le porphyre un peu altéré,
32 à 40 francs ; dans le porphyre compacte (qui occupe
environ le dernier tiers de la galerie), 50 à 60 francs.

L'abatage du filon dans le puits a donné les résultats suivants : on a obtenu par mètre d'avancement 6.320 kilog.
de roche, savoir : 4.740 kilog. de minerai, 1.580 kilog. de
gangue.

Le rendement du minerai lavé s'est élevé à 28 p. 100 de
plomb.

Par chaque mètre d'avancement en galerie sur le filon,
on obtient donc à peu près une tonne de plomb ; les frais
de l'abatage correspondant s'élèvent à 28 francs et pourront
même être réduits à 25 francs par l'adoption du forage à
une main et du travail par postes de huit heures.

Ces frais sont extrêmement faibles, mais l'avantage qui
en résulte est partiellement compensé par la difficulté plus
grande et le prix plus élevé de la préparation mécanique de
ce minerai, dont la gangue est principalement composée de
sulfate de baryte.

Il est difficile de fixer dès à présent la formule du traitement qu'il faudra lui appliquer ; elle dépendra non-seulement de l'allure encore peu connue du filon, mais aussi
de celle du filon voisin de Provaglio, dont le minerai également
lement peu argentifère (25 grammes en moyenne aux
100 kilog. de plomb), sera plus ou moins associé à celui
de Dosselli dans le traitement métallurgique.

§ 3. *Val Trompia.*

Éruption plombeuse.

A. *Fusinetto.* — Les premiers travaux faits sur ce filon ont
été une attaque superficielle des affleurements. Le filon avait
une puissance de 3 à 4 mètres, mais était en général pauvre
et intimement soudé à la roche encaissante. La gangue
étant principalement du quartz renfermant beaucoup de
fragments empâtés. L'ensemble constituait une roche tel-
lement dure que le prix du mètre d'avancement s'est élevé
à 45 francs; aussi a-t-on bientôt renoncé au travail et commencé une galerie dont l'entrée est située au niveau du torrent de Graticella, à quelques mètres seulement de la route
de Brescia. Elle recoupera le filon dans les schistes et permettra d'étudier son allure en profondeur. Sa longueur totale sera de 60 mètres environ, dont la moitié à peu près
était achevée lorsque les événements dont nous avons parlé
au commencement ont provoqué l'abandon des travaux.

B. *Navazze.* — Les filons du val de Navazze n'ont été
l'objet d'aucun travail spécial dans les temps modernes.
On avait commencé une galerie à travers bancs pour re-
joindre le dernier filon de la vallée; mais ce travail, long
et dispendieux, n'aurait donné aucun résultat pratique
pour l'exploitation ultérieure du filon et il a été provisoirement suspendu. Quant aux travaux anciens, ils se bor-
nent, comme nous l'avons déjà dit, à une galerie à grandes
dimensions, mais peu étendue, pratiquée sur le filon Dei-
Kemmi, à la hauteur du point où il recoupe le thalweg du
torrent. Nulle part il ne paraît y avoir eu d'exploitation
réelle, et les richesses métallifères de cette vallée sont encore entièrement intactes.

C. *Torgola.* — Dans la vallée de la Torgola, au contraire,
les filons ont été l'objet de nombreuses études et de sérieux
travaux de recherches, et l'on a aujourd'hui un certain

nombre de données sur les conditions industrielles de leur exploitation.

Le filon de la Torgola a été exploité une première fois par les Romains, dont les travaux sont faciles à reconnaître, puisqu'ils ont été exécutés à la pointerolle sans le concours de la poudre.

Une des traces les plus intéressantes de leur activité est une série de bassins creusés dans les grès qui forment le lit de la rivière au pied de leur galerie d'exploitation. La forme de ces bassins s'est naturellement beaucoup effacée sous l'action lente des eaux du torrent, et on pourrait être tenté de les regarder comme le résultat de cette dernière, si l'on n'en avait trouvé la reproduction dans les dolomies du val Sassina, également à l'orifice d'une ancienne galerie d'extraction. La presque identité de la disposition de ces deux séries de bassins, placées dans des conditions topographiques et lithologiques si différentes, permet d'affirmer qu'ils servaient au lavage des minerais.

Leur construction, fort simple, se réduit au type suivant : un premier bassin, peu étendu et profond, dans lequel l'eau entrait avec une petite chute, et par suite une vitesse très-grande, servait au débourbage, et le minerai y était probablement remué à la pelle; un petit canal à pente rapide en partait pour aboutir à un deuxième réservoir de dimension plus grande qui servait sans doute de bassin de dépôt pour les parties riches entraînées.

Cette disposition se répète trois et quatre fois, selon l'importance du minerai à laver, et quelque primitive qu'elle puisse nous paraître, elle n'en est pas moins précieuse comme constatation d'une production métallique assez importante fournie par la portion du filon, voisine de l'affleurement, encaissée dans le grès rouge, et qui, à ce double titre, est beaucoup plus pauvre que les parties plus profondes à l'exploitation desquelles sont destinés les travaux futurs.

Les Vénitiens paraissent avoir repris pendant le douzième siècle l'exploitation abandonnée par les Romains, et le résultat de leurs travaux ajoutés à ceux de ces derniers a été le percement de deux grandes galeries reliées entre elles par un puits vertical de 46 mètres.

La galerie supérieure, très-irrégulière de forme, devra être redressée pour servir à l'exploitation du filon. On a commencé ce travail, et le filon y a présenté les caractères habituels des affleurements : richesse moindre, dissémination de la galène en mouches très-fines dans un excès de gangue.

La galerie inférieure, longue de 420 mètres dont 320 sur le filon, ayant été pratiquée très-près du torrent et à une faible profondeur au-dessous de ce dernier, a été bientôt envahie par les eaux et les matériaux d'infiltration.

Le déblayage en a été activement entrepris, il y a deux ans, mais le mauvais état des boisages et le peu de solidité du toit, près des points les plus exposés à l'infiltration, ont nécessité l'abandon d'un travail qui présentait des dangers constants pour les ouvriers.

On a alors commencé une galerie nouvelle *Maria Stollen*, pratiquée tout entière dans le mur du filon et assez éloignée du torrent pour que l'on n'ait plus à redouter l'invasion de ce dernier dans les travaux.

Comme d'ailleurs la pente de l'ancienne galerie est extrêmement forte (5 o/o), on gagnera, avec la nouvelle, un massif qui aura une épaisseur de 20 mètres à son extrémité et qui sera d'une exploitation facile et immédiate depuis le point où la différence de niveau, entre les deux galeries, atteint 5 mètres.

Pour accélérer le travail, on a attaqué la galerie par plusieurs points à la fois, en la reliant à la galerie ancienne par de petites descentes traversant obliquement le filon en avant de l'éboulement. Leur percement, comme aussi celui de la galerie elle-même, qui, pendant un certain temps, a longé le filon, ont permis de constater l'enrichissement de ce dernier, tant en galène qu'en argent, à mesure que l'on s'enfonçait. Une fois l'éboulement franchi, on regagnera l'ancienne galerie, en parfait état au delà de ce point, par un petit puits vertical de 5 mètres de haut qui permettra d'opérer promptement le déblayage.

Dès lors, il faudra faire marcher de front le percement de Maria-Stollen et l'exploitation en gradins droits du massif interposé, et en même temps commencer l'exploitation, par gradins renversés, du puissant étage compris entre les deux galeries anciennes. Le puits vertical qui les relie donnera toutes les facilités désirables pour sous-diviser ce massif suivant les besoins de l'exploitation. Enfin, pour assurer l'avenir des travaux et permettre au filon de la Torgola de devenir le centre des exploitations du val Trompia, il faudra commencer une galerie basse au niveau de la Mella, qui donnera un nouvel étage de 40 mètres de hauteur environ, plus éloigné des affleurements et par suite plus régulier et plus riche que celui que les anciens ont préparé sans l'abattre.

Voici d'ailleurs quelques chiffres qui permettront de se faire une première idée de la richesse de ces deux massifs.

Dans la galerie neuve (Maria-Stollen) on a recoupé, à deux reprises différentes, le filon en tout ou en partie; il avait, à l'une et l'autre intersection, une puissance voisine de 3 mètres, et la partie métallifère, qui occupait environ la moitié du filon, présentait une teneur moyenne de 25 p. 100 de plomb. Plus loin, une traverse a fait voir une puissance de 5 mètres, à demi minéralisée et renfermant près de 30 p. 100 de plomb. Enfin, dans une dernière traverse, la partie métallifère du filon était de 4 mètres, et de plus on trouvait encore des mouches de galène dans le terrain schisteux du mur. Mais comme dans les dernières parties du travail, la blende était devenue plus abondante, nous admettrons pour le massif inférieur une richesse moyenne de 15 p. 100 seulement.

Dans la partie comprise entre les deux anciennes galeries, le minerai, plus voisin de l'affleurement, est plus disséminé et moins riche en argent. L'absence de travaux dans ce massif supérieur ne nous permet pas de formuler, même approximativement, sa richesse par un chiffre ; mais nous pensons rester au-dessous de la vérité en attribuant, à la partie métallifère de l'ensemble des deux massifs, une richesse moyenne de 10 p. 100.

Les éléments numériques que nous venons d'indiquer, et qui sont les seuls que l'on possède jusqu'à ce jour, sont insuffisants pour établir le prix de revient du plomb dans le minerai à la Torgola ; on pourra l'évaluer approximativement pour la partie basse voisine de Maria-Stollen, en admettant que le mètre d'avancement d'une galerie ayant une section de 2 mètres sur $1^m,50$, c'est-à-dire l'abatage de 3 mètres cubes de roche pesant 8 tonnes, et ayant une teneur moyenne de 10 p. 100 de plomb, revient à 100 francs. On obtient ainsi pour la valeur de la tonne de plomb dans le minerai $\frac{100 \cdot 10}{8}$ ou 125 francs.

D'autre part, pour obtenir un minerai marchand, il suffit d'élever sa teneur en plomb à 60 p. 100. Le prix de revient de la tonne de ce minerai, rendu à Gênes, se compose donc, quant aux frais spéciaux, des éléments suivants :

	fr.	
Abatage.	90	(à cause des pertes dans les préparations mécaniques).
Préparation mécanique.	25	(ce chiffre est un maximum).
Emballage et frais de transport à Gênes.	45	
Somme des frais spéciaux. . . .	160	

Or une pareille tonne renferme 600 kilog. de plomb et 1.100 gr. d'argent, et possède, au taux actuel de ces métaux, une valeur de 350 francs au moins dans les ports de la Méditerranée (*). La différence entre ce chiffre et le précédent donne une marge assez belle pour les frais généraux et les bénéfices. Mais, nous le répétons, ce n'est là qu'un premier renseignement, et il faudrait une connaissance plus complète de l'allure des filons pour le transformer en une donnée certaine, pouvant servir de base à une entreprise industrielle.

d. *Arnaldo.* — Pour compenser le ralentissement éprouvé par les travaux de la Torgola, on a, dans ces derniers temps, repris activement l'étude du filon d'Arnaldo. Après la seconde faille, qui est verticale, on a installé, sur le filon, un petit fonçage qui a atteint aujourd'hui une largeur et une profondeur de 4 mètres. Sur toute cette étendue, le filon a présenté des caractères très-satisfaisants. La puissance, qui était de $0^m,25$ au niveau de la galerie, a atteint $0^m,30$ au fond du puits. Le remplissage est composé de galène avec quartz et spath fluor, sans blende ni pyrite, et il est probable que, comme à la Torgola, la teneur en argent augmentera en profondeur, et qu'au lieu de 100 gr. d'argent renfermés dans 100 kilog. du plomb provenant du

---

(*) A Freyberg, l'argent et le plomb dans le minerai sont payés différemment, suivant la richesse de ce dernier, les variations de prix étant fixées par un tarif, dont nous extrayons les chiffres suivants :

ARGENT.		PLOMB.	
Teneur aux 100 kilog.	Prix d'achat de 1 kilog. d'argent contenu.	Teneur aux 100 kilog.	Prix d'achat de 100 kil. de plomb dans le minerai.
grammes.	francs.	kilog.	francs.
10	30.00	15	6.25
20	56.25	20	11.25
30	75.00	30	21.25
50	100.00	40	24.15
100	132.50	50	26.75
200	166.00	60	28.25
		70	29.75
		80	30.75

minerai d'affleurement, on en obtiendra 160 à 180 dans le
plomb extrait du minerai normal.

L'obstacle principal à l'avancement de ce travail était le
voisinage du torrent et la fissilité des roches encaissantes,
qui obligeaient à épuiser constamment les eaux d'infiltration
à l'aide d'une pompe dont le maniement occupait deux
ouvriers ; aussi se proposait-on de ne pousser le fonçage
qu'autant que cela serait nécessaire pour obtenir des renseignements positifs sur l'allure du filon, et préparer, si
cette dernière était favorable , l'exploitation en profondeur par une galerie de recoupement partant de la Torgola
et se rattachant à Maria-Stollen.

Le percement de cette galerie, qui aura 200 mètres
environ, sera facilité par le fait qu'elle sera installée en
partie dans le grès rouge et qu'elle pourra être entreprise
en deux ou trois points à la fois par de petits puits installés près du thalweg de la vallée.

Enfin, on pourrait utiliser la force motrice du torrent,
très-rapide en cet endroit, pour assécher tous ces travaux,
si l'on devait y rencontrer des eaux d'infiltration analogues
à celles d'Arnaldo.

Voici maintenant quelques chiffres qui donneront une
première idée de la richesse du filon d'Arnaldo dans la zone
explorée par les travaux actuels.

L'excavation de 16 mètres cubes dans le puits, faite dans
des conditions très-peu favorables, a coûté en *frais spéciaux*
environ 500 fr. et a donné comme produit 10 tonnes (3^{m3},5)
de minerai à 25 p. 100, c'est-à-dire 2^t,5 de plomb et
un minimum de 2^k,5 d'argent valant ensemble environ
850 francs. Ce résultat est très-satisfaisant et est tout à
fait de nature à encourager l'étude du filon en profondeur.

Grâce aux différents travaux que nous venons d'examiner,
le prix de revient de l'abatage sur les deux filons de la
Torgola et d'Arnaldo a pu être établi assez exactement,
et l'on peut admettre que depuis l'introduction du forage à

une main, du renouvellement des ouvriers par postes de huit heures, et du transport des matériaux abattus au moyen de petits chiens de mine roulant sur un plancher, le prix de revient du mètre d'avancement en galerie de 2 mètres quarrés de section, s'élève, y compris l'extraction :

	fr.
Dans la protogine compacte à	60 à 70
Dans le schiste très-quartzeux voisin de la protogine. .	5o à 6o
Dans le schiste feuilleté ou micacé, près du jour. . . .	.18 à 20
— — — — au delà de 5o mèt.	25 à 5o
Dans les grès rouges.	25 à 35
Dans le filon près des affleurements (spath fluor dominant).	5o à 4o
Dans le filon en profondeur (minerai et gangue à grains grossiers peu cimentés).	10 à 20
Dans les traverses obliques reliant Maria-Stollen à l'ancienne galerie.	70 à 8o

e. *Autres filons du groupe.* — Les autres filons du groupe n'ont été jusqu'ici l'objet d'aucun travail qui fût de nature à établir d'une manière précise leur allure et leur richesse ; mais par le seul fait de leur réunion en un même groupe avec Arnaldo et la Torgola, on est en droit d'augurer favorablement de leur constitution. On peut, en effet, regarder comme acquises à la science les deux propositions suivantes, mises en lumière surtout par les beaux travaux de M. Rivot sur les filons de Vialas.

1° Dans un système de filons caractérisé par sa direction et par sa gangue, la teneur en argent est constante et caractérise un remplissage d'une époque déterminée.

2° Les variations dans la teneur en argent des galènes renfermées dans un même filon, ou dans plusieurs filons appartenant à un même système, proviennent de remplissages successifs d'époques différentes, se rattachant à des phénomènes géologiques distincts, souvent très-espacés les uns des autres.

Or l'étude que nous avons faite des filons de Fusinetto,

4

du val de Navazze, de Torgola, d'Arnaldo et de la Bavese, nous permet d'affirmer qu'ils appartiennent à un système unique, ayant subi, sauf peut-être le groupe de la Bavese, au moins un remplissage commun. Nous sommes donc en droit d'espérer que les galènes des différents filons, dont les teneurs aux affleurements sont toutes voisines de 100 grammes, atteindront plus ou moins, en profondeur, la teneur de 180 gr. d'argent aux 100 kilog. de plomb, obtenue et même dépassée dès aujourd'hui dans la galène normale de la Torgala.

APPENDICE.

Note sur le traitement métallurgique des minerais du val Trompia.

Aucun des gisements dont nous venons de nous occuper n'est encore assez étudié pour qu'il soit possible d'en donner dès aujourd'hui la formule de traitement définitive (*). Aussi devons-nous nous borner à donner quelques renseignements généraux qui pourront servir de base à l'établissement ultérieur de cette formule pour le groupe plombeux du val Trompia.

Un des grands obstacles au traitement sur place des minerais du groupe de la Torgola est le prix élevé du combustible minéral, qui atteint 50 à 60 francs par tonne, en admettant l'usine installée à Lavone, à quelques kilomètres au sud de la Torgola, où la disposition des lieux permettrait d'utiliser très-facilement la Mella comme force motrice.

Il ne nous semble donc pas qu'il y ait, au moins dans les premiers

---

(*) Il faut pourtant citer une exception, le groupe Ballabio-Laorca-Mandello, qui est susceptible d'une définition très-nette : galène pauvre à grains grossiers, avec gangue calcaire dans une roche calcaire.

Dans ce cas, la formule de traitement est des plus simples : préparation mécanique complète, enrichissement à une teneur moyenne de 70 p. 100. Traitement au four gallois.

Les frais spéciaux peuvent être estimés par analogie avec les autres usines.

temps, avantage à faire la fonte sur place. Néanmoins voici quelques indications sur les conditions techniques et économiques dans lesquelles cette fonte devrait s'opérer.

Le minerai étant moyennement argentifère (nous admettrons 180 gr. d'argent aux 100 kil. de plomb), il n'y a pas un grand avantage à l'enrichir au delà de 50 à 60 p. 100. On pourrait même, comme cela a lieu à Freyberg, s'arrêter entre 40 et 50 p. 100. L'inconvénient d'un enrichissement trop considérable provient du fait que l'argent, dans un grand nombre de galènes, paraît se trouver à l'état de sulfure, mélangé, mais non combiné au sulfure de plomb. Or, pour enrichir beaucoup un minerai de plomb, il faut en réduire une grande partie en poussière très-fine ; ce broyage isole les paillettes de sulfure d'argent qui, vu leur densité moindre, sont entraînées par les eaux de lavage. De là des pertes en argent très-sensibles, que l'on évite en réduisant autant que possible le travail des minerais bocardés.

Nous pensons donc que, si l'on installait une usine à Lavone, il n'y aurait pas intérêt à pousser l'enrichissement au delà de 50 p. 100 en moyenne. Le travail, précédé d'un triage à la main très-soigné pour séparer la plus grande partie de la blende, s'effectuerait : pour les minerais en grains, dans des cribles à secousse, en adoptant de préférence les appareils continus de M. Braun ou de M. Kardt ; pour les schlichs, dans les nouveaux cribles continus du Hartz à grille artificielle, mobile, en grenailles ; pour les schlamms inférieurs à un quart de millimètre, qui devront être peu abondants, sur la table Rettinger.

Il serait entièrement illusoire de vouloir donner dès à présent les détails de ce traitement, ainsi que les frais qu'il entraîne, nous nous bornerons à rappeler que les frais d'enrichissement d'une tonne à 50 p. 100 pourraient s'élever, en moyenne, à 12 francs et au maximum à 15 francs.

En partant d'un minerai à 15 p. 100 à l'abatage, on arrive aux chiffres suivants, pour la tonne de minerai à 70 p. 100 :

			francs.
Préparation mécanique.			18
Grillage et fonte.	Main-d'œuvre, 4 journées.	8	
	Combustible 0ᵗ,6 à 50 fr. en moyenne. . .	30	42
	Outils, entretien et divers.	4	
	Total.		60

Soit, par tonne de plomb, 90 francs environ.

La méthode silésienne serait plus simple comme installation et exigerait, par tonne de minerai fondu, environ 2 stères de bois et cinq journées d'ouvriers.

Il y aurait économie sur le combustible, mais augmentation sur la main-d'œuvre ; de plus, le travail exige des ouvriers spéciaux en plus grand nombre et ne permet que difficilement de retirer l'argent du plomb.

On aurait donc ainsi un minerai renfermant environ 50 p. 100 de galène avec 2 à 3 p. 100 de blende au plus, et ayant comme gangue du quartz, du spath fluor et peut-être un peu de carbonate de chaux et de fer.

Ce minerai présente de grandes analogies avec celui de Freyberg, et pourrait être traité à peu près comme ce dernier; seulement, à cause du prix élevé du combustible et de la faible valeur des minerais de fer dans la vallée de Collio, on pourrait, au lieu de faire une simple fonte réductive, introduire du minerai de fer dans les lits de fusion. Enfin tout le traitement des mattes pour cuivre se trouverait naturellement supprimé.

Les opérations seraient alors réduites aux suivantes :

1° Grillage du minerai dans des fours à double sole ;

2° Fusion dans des fours à manche doubles, un peu plus élevés que ceux de Freyberg, pour faciliter la réduction des minerais de fer qui doivent servir de réactif.

Ces opérations entraîneraient, par tonne de minerai traité, les dépenses suivantes :

		francs.	
Traitement pour plomb (1 et 2).	Main-d'œuvre, 5 jours à 2 francs.	10	
	Combustible, 0f.50 à 50 francs.	25	40
	Fondants et entretien.	5	
Traitement pour argent (3). . .	Main-d'œuvre, 1j.5.	3	
	Combustible, 0f.2.	10	15
	Outillage.	2	
	Total.		55

Dans toutes ces évaluations, nous avons admis que l'on brûlait, en même temps que la houille et le coke, du bois et du charbon de bois que le pays peut fournir à des prix relativement moins élevés; malgré cela, comme nous l'avons dit en commençant, la cherté du combustible constitue toujours une difficulté sérieuse. Aussi pensons-nous que, si l'on se décidait à donner une nouvelle impulsion aux travaux de recherche, et à installer une exploitation régulière à la Torgola, il faudrait provisoirement diriger les études de la préparation mécanique en vue de la vente du minerai enrichi à 60 p. 100, et ne songer à installer une usine à Lavone que le jour où l'exploitation de tout le district serait assez active, pour que la différence entre les bénéfices produits par la vente du minerai et celle des métaux soit très-considérable, ce qui nous reporte, en tout état de cause, à un avenir encore assez éloigné.

Extrait des ANNALES DES MINES, tome XIII, 1868.

Paris. — Imprimerie de Cusset et Cᵉ, rue Racine, 26.

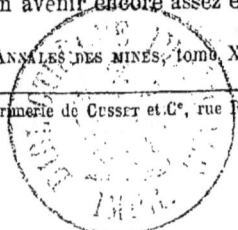